COLEÇÃO AGROECOLOGIA

Agroecologia na educação básica – questões propositivas de conteúdo e metodologia
Dionara Soares Ribeiro, Elisiani Vitória Tiepolo, Maria Cristina Vargas e Nivia Regina da Silva (orgs.)

Dialética da agroecologia
Luiz Carlos Pinheiro Machado, Luiz Carlos Pinheiro Machado Filho

Dossiê Abrasco – um alerta sobre os impactos dos agrotóxicos na saúde
André Búrigo, Fernando F. Carneiro, Lia Giraldo S. Augusto e Raquel M. Rigotto (orgs.)

A memória biocultural
Víctor M. Toledo e Narciso Barrera-Bassols

Pastoreio Racional Voisin
Luiz Carlos Pinheiro Machado

Plantas doentes pelo uso de agrotóxicos – novas bases de uma prevenção contra doenças e parasitas: a teoria da trofobiose
Francis Chaboussou

Pragas, agrotóxicos e a crise ambiente - problemas e soluções
Adilson D. Paschoal

Revolução agroecológica – o Movimento de Camponês a Camponês da ANAP em Cuba
Vários autores

Sobre a evolução do conceito de campesinato
Eduardo Sevilla Guzmán e Manuel González de Molina

Transgênicos: as sementes do mal – a silenciosa contaminação de solos e alimentos
Antônio Inácio Andrioli e Richard Fuchs (orgs.)

Um testamento agrícola
Sir Albert Howard

SÉRIE ANA PRIMAVESI

Ana Maria Primavesi – histórias de vida e agroecologia
Virgínia Mendonça Knabben

Algumas plantas indicadoras – como reconhecer os problemas do solo
Ana Primavesi

Biocenose do solo na produção vegetal & Deficiências minerais em culturas – nutrição e produção vegetal
Ana Primavesi

Cartilha da terra
Ana Primavesi

A convenção dos ventos – agroecologia em contos
Ana Primavesi

Manejo ecológico de pastagens em regiões tropicais e subtropicais
Ana Primavesi

Manejo ecológico e pragas e doenças
Ana Primavesi

Manual do solo vivo
Ana Primavesi

Pergunte o porquê ao solo e às raízes: casos reais que auxiliam na compreensão de ações eficazes na produção agrícola
Ana Primavesi

Ana Primavesi

MICRONUTRIENTES, OS DUENDES GIGANTES DA VIDA

1ª EDIÇÃO
EXPRESSÃO POPULAR
SÃO PAULO – 2022

Copyright © 2022 by Editora Expressão Popular Ltda
Produção editorial: Miguel Yoshida
Preparação: Cecília Luedemann
Revisão: Aline Piva, Odo Primavesi
Projeto gráfico e diagramação: ZapDesign
Capa e ilustrações: Verônica Fukuda
Impressão e acabamento: Vox

Dados Internacionais de Catalogação na Publicação (CIP)

P952   Primavesi, Ana
          Micronutrientes, os duendes gigantes da vida / Ana Primavesi. –
        São Paulo : Expressão Popular, 2022.
          90 p. : il.

          ISBN: 978-65-5891-076-3

          1. Agroecologia. 2. Biologia. I. Título.
                                                           CDD: 577
                                                           CDU: 574

And Books: André Queiroz – CRB-4/2242

Todos os direitos reservados.
Nenhuma parte deste livro pode ser utilizada
ou reproduzida sem a autorização da editora.

1ª edição: outubro de 2022
2ª reimpressão: novembro de 2024

EDITORA EXPRESSÃO POPULAR
Alameda Nothmann, 806
01216-001 – Campos Elíseos – SP
livraria@expressaopopular.com.br
www.expressaopopular.com.br
ed.expressaopopular
editoraexpressaopopular

SUMÁRIO

Apresentação 7
Virgínia Mendonça Knabben

Os duendes gigantes da vida 9

O cobre (Cu) e seu antagonismo com o nitrogênio 21

O molibdênio (Mo) antagonista do cobre 29

O cobalto (Co) 35

O manganês (Mn) 39

O micronutriente boro (B) na planta 45

O zinco (Zn) na planta e no animal 53

O ferro (Fe) no solo e na planta 61

Flúor (F) em animais e homens 67

Iodo (I) em plantas e animais 71

Cloro (Cl) em plantas e animais 75

Selênio (Se) em plantas e animais 79

O silício (Si) na planta 83

Alumínio (Al) na planta 87

Outros micronutrientes na vida vegetal 89

APRESENTAÇÃO

Virgínia Mendonça Knabben

Este manuscrito foi escrito provavelmente em torno de 1996, em Itaí, estado de São Paulo. Não estava datado, mas pelos exemplos que Ana relata, pudemos estimar o tempo de sua escrita.

Ana Primavesi escreveu muito, e parte desses escritos não foram publicados. Este texto, encontrado em meio a tantos outros na ocasião de organização de seu acervo para envio à biblioteca que receberá seu nome na Unicamp, foi escolhido para publicação porque é extremamente útil.

Quando dava suas palestras e cursos, era comum Ana finalizar suas apresentações mostrando fotografias Kirlian, que corroboravam sua argumentação. A fotografia Kirlian reflete a energia da pessoa ou das plantas. As fotos só arrematavam o que ela demonstrara anteriormente: se o solo está doente, a planta também estará. A utilização da fotografia Kirlian era mais uma ferramenta para ensinar, nada convencional.

Curioso é percebermos que encerramos a série Ana Primavesi com um livro que tem "os duendes" no título – dado por ela –, e que, de certa forma, é também um arremate não convencional à sua série de livros. Sem querer, seguimos seus passos, num fluir das ações orquestradas pelo "acaso".

Assim como os microrganismos invisíveis do solo vivo, os micronutrientes dão o suporte para a vida superior com energia vital abundante (evidente pelo campo de energia, ou aura, bem demonstrados por Ana Primavesi).

Neste arremate que envolveu o trabalho artístico magnífico de Verônica Fukuda e de muito amor compartilhado entre nós, a família, amigos e a querida equipe da editora Expressão Popular, encerramos as publicações de Ana Primavesi, informando ao público que estuda e pesquisa sobre Agroecologia que tomamos o cuidado de deixar praticamente a totalidade de seu trabalho disponível no site: www.anamariaprimavesi.com.br.

Setembro de 2022.

OS DUENDES GIGANTES DA VIDA

Com a palavra "micro" designa-se tudo que é muito pequeno. Assim, microrganismos são seres invisíveis a olho nu, podendo somente serem vistos por meio de um microscópio. Micrograma é a milionésima parte de um grama (1/1.000.000). Micronutrientes são elementos que agem em quantidades mínimas.

Uma colheita de 6.270 kg de milho retira somente 11,5 g de boro e 25 g de cobre. É ridículo quando se pensa que nestes 104 sacos de milho existe somente uma colherzinha de boro. Mas estes 11,5 g fazem a diferença entre grãos cheios e sadios e grãos chochos, entre espigas grandes e pesadas e espigas pequenas e deformadas, em plantas fracas atacadas por pragas.

Geralmente se acredita que tudo que é pequeno é pouco e fraco, desinteressante e sem importância. Mas um brilhante do tamanho de um grão de milho vale milhões enquanto uma abóbora grande vale muito pouco. Os átomos, as ínfimas partes de nossa matéria, são minúsculos e, com sua organização igual a constelações de estrelas, possuem uma força capaz de arrasar o mundo.

Todos os venenos são substâncias que agem em quantidades mínimas e mesmo assim possuem ação fulminante, incluindo nossos agrotóxicos. Assim, para se intoxicar com chá de camomila seriam necessárias quantidades enormes, mas para morrer de caldo de mandioca braba, um ou dois goles são suficientes, e do veneno de uma cobra necessita-se somente algumas gotas para matar uma pessoa.

As epidemias e a maioria das doenças são causadas por bactérias e vírus, seres incrivelmente pequenos, que somente aumentados milhares de vezes podem ser vistos em detalhes e, para isso, constroem-se microscópios eletrônicos para "perseguir" esses seres poderosíssimos, mas invisíveis.

Os micronutrientes têm uma força muito grande. Podem aumentar ou arruinar uma colheita, deixando adoecer animais e plantas e, provavelmente, também o ser humano. Eles são os antagonistas dos macronutrientes ou nutrientes de massa, que todos conhecem como NPK. Eles dominam os macronutrientes, e são os responsáveis por produzirmos colheitas. É um erro muito grande acreditar que é possível adubar os macronutrientes e negligenciar os micro. É como se pensasse em movimentar um avião sem piloto ou um trem sem maquinista. Funcionam, sim, mas como fazem o serviço é outro assunto.

Ao usarmos somente macronutrientes, implantamos desequilíbrios que tornam as plantas doentes e que agora necessitam ser defendidas para que elas, mal nutridas, consigam sobreviver. Na Europa e nos Estados Unidos, onde os solos são rasos, mas muito ricos, as reservas em micronutrientes são grandes e suportam quase 100 anos de NPK até que apareçam as deficiências dos micronutrientes. Mas em clima tropical, onde os solos são profundos, mas pobres (quanto mais antigos e lixiviados, podendo ocorrer deficiências múltiplas), a falta se faz sentir logo em seguida.

Existem experiências que mostram que em solos profundamente afrouxados com um sistema radicular sadio, profuso e profundo, não existe falta de nutriente algum e as culturas rendem otimamente. Mas em nossos solos "velhos de cultura", que já estão decaídos, sem matéria orgânica, sem macroporos e com encrostamentos superficiais, com compactações e lajes duras subsuperficiais que impedem o desenvolvimento profundo e sadio das raízes, aí aparecem os problemas. Estes problemas são aprofundados pelo fato de que as variedades planejadas para o cultivo não são adaptadas às condições dos solos e ambientes em que devem crescer. São criadas em algum lugar e agora todos os produtores têm de se virar para adaptar os solos para as variedades. Parece absurdo, mas mesmo assim é a realidade.

Não se usam micronutrientes porque em ensaios raramente se conseguem resultados satisfatórios. Mas o problema muitas vezes está nas sementes. Enquanto o tecido de reserva destas é pobre em um ou outro micronutriente, a adubação não funciona. Todos os seres vivos, a partir das sementes, são "programados" pela natureza como se fossem pequenos computadores. Sabe-se que todos os seres vivos são geneticamente programados, mas a natureza possui suas alternativas, seus "*if*" (seus "se"), igual ao computador. Assim, as sementes fazem seu programa de utilização dos minerais – tanto dos macro quanto dos micronutrientes – no momento em que se inicia a germinação. Se a semente for pobre num determinado micronutriente, é lançado um programa de emergência onde este nutriente deficiente aparece em quantidade muito pequena. O programa genético da planta utiliza substâncias similares substitutivas, mas emergenciais e que não permitem rodá-lo completamente. Nesse caso, a planta não pode alcançar seu pleno vigor e sua saúde, porque é biologicamente incompleta. Assim, o trigo forma aminoácidos, mas não forma proteínas como o glúten e sua capacidade de panificação é baixa. Por isso os ingleses são campeões na fabricação de pudins. Não porque gostem tanto deles, mas porque não dá para fazer pão com seu trigo. É a alternativa do ser humano seguindo a alternativa da planta.

A planta de semente deficiente de um micronutriente, por exemplo, de molibdênio, pode absorvê-lo em quantidades suficientes, mas não consegue utilizá-lo (se a semente não foi enriquecida antes da germinação). Assim, couve-flor de semente deficiente em molibdênio pode ser pulverizada foliarmente e adubada via raízes com este micronutriente, porém permanecerá com as folhas deformadas, quase sem limbo foliar, ostentando somente as nervuras principais com pouca folha ao redor. Mas se esta couve-flor conseguir formar sementes (nutridas pela adubação foliar ou radicular da planta-mãe), delas sairão plantas perfeitamente sadias. De modo que a utilização de micronutrientes depende da riqueza do tecido de reserva da semente. E isso sugere a necessidade de se enriquecer a semente com os nutrientes que se pretendem adubar, caso contrário, as plantas não reagirão à adubação. Enriquece-se a semente pulverizando-a com o nutriente em questão (também podem ser peletizadas ou deixadas em solução ou simplesmente polvilhadas).

Tabela 1 – **Micronutrientes essenciais e a pulverização das sementes**

Sementes de	Micronutriente	Concentração da solução em %
Milho	Zinco, boro	0,3% (3 g/l)
Arroz	Cobre, zinco	1,0%
Soja	Molibdênio, cobalto	0,2%
Trigo	Manganês, boro	0,3%
Algodão	Molibdênio	0,2%
Feijão	Boro, zinco	0,3%

Observação: as quantidades se referem ao sal com sulfato de zinco, bórax, molibdato de sódio, sulfato de cobre etc. A concentração é dos sais.

Somente quando a semente tiver o micronutriente à disposição no momento em que se inicia a germinação, ela o aproveitará no seu metabolismo, beneficiando-se da adubação de solo ou foliar com este micronutriente.

Micronutrientes e seu papel na planta

A planta se forma dos "elementos de massa", que são carbono (C), oxigênio (O), hidrogênio (H), nitrogênio (N), enxofre (S) e magnésio (Mg). O potássio (K) é um íon positivo e o cátion mais absorvido pela planta. Ele não entra em composto algum e não se encontra na substância da planta, embora 30% do K possa aderir, ou como se diz, "ser adsorvido" por proteínas. O restante tem somente a função de catalisador, como um "assistente" em reações químicas em que se formam as substâncias vegetais.

O fósforo (P), embora tenha de ser adubado em grande quantidade por causa de sua imobilização rápida em solos tropicais decaídos, é absorvido pela planta em quantidades pequenas, geralmente de 1,8 a 2,0 kg por tonelada de massa verde produzida, de modo que seu gasto por hectare gira normalmente ao redor de 18 a 22 kg. Porém, seu papel é fundamental. Em forma de ATP (adenosina trifosfato), é o transportador monopolizado de energia dentro da planta. Sem fósforo não há divisão de células, que é a base do crescimento, não há movimento algum, nem processo bioquímico, porque sem energia nada funciona. E essa energia "produzida" no colo da raiz tem de ser distribuída para toda a planta.

O cálcio (Ca) também é conhecido como nutriente que não faz parte de substância vegetal alguma, mas se encontra nas paredes celulares, proporcionando a seletividade destas paredes aos íons a serem absorvidos. Sem cálcio, as paredes se tornam "furadas" e a raiz perde a possibilidade de selecionar os nutrientes. Normalmente, a raiz fica com o potássio na escolha entre ele e o rubídio, mas se faltar o cálcio na parede das células radiculares, não existe mais essa seletividade e ela, a raiz, absorve segundo a quantidade de elemento no solo. Sem cálcio, a raiz se torna indefesa!

O magnésio (Mg) faz parte da clorofila, entrando na sua estrutura. Ele e o ferro são os responsáveis pelo verde do nosso mundo. Mas também é catalisador.

O enxofre (S) e o nitrogênio (N) são os responsáveis pela formação de proteínas e, portanto, também pela formação de enzimas e hormônios que, no final das contas, são somente proteínas sofisticadas. E quando a planta amarelece antes da maturidade, é normalmente pela impossibilidade de formar proteínas, o que pode ser por falta de N e S ou por causa de algum enguiço no metabolismo.

Hidrogênio (H, da água), oxigênio (O, do O_2 do ar) e carbono (C, do CO_2 do ar), e mais energia solar, são a base e o início de qualquer produção vegetal. Oitenta por cento da planta são H e O e 58% da matéria sólida são constituídos de átomos de carbono. Carbono-água-oxigênio formam o que chamamos de carboidratos, conhecidos por amidos como o polvilho, maisena etc. Mas os primeiros carboidratos que a planta consegue formar, com a ajuda de luz, são açúcares primitivos, que podem ser transformados até as estruturas complicadas de celulose, que é a palha, em grande parte, e até as ligninas, que são a parte lenhosa das plantas e que, nas árvores, fornece a madeira.

Mas em uma parte destes carboidratos se juntam nitrogênio e enxofre e se formam as proteínas. Todos esses processos são químicos, fabricados no laboratório da vida. E para cada pequena "manipulação", como juntar ou tirar um oxigênio de uma estrutura, necessita-se de uma enzima (proteína) específica, uma "chave tetra" com sua combinação de dentes que serve exclusivamente para isso. Nenhuma outra "chave" se adapta e como são uma série de etapas que devem ser feitas em sequência rigorosa – como numa esteira rolante onde os operários fazem cada um uma única manipulação, mas em uma sequência predeterminada, e se uma única "chave" específica à etapa na cadeia de processos se perder, todo o resto do processo não pode ser realizado. E estas chaves patentes são as enzimas. Mas antes de poder funcionar, essas enzimas necessitam da combinação com o ativador (um cofator, que pode ser uma molécula orgânica ou inorgânica, para permitir a ação catalítica), uma vitamina (coenzima) para que sua proteína se torne enzima, ou um íon metal, sendo que em 25% das enzimas é algum metal (formando uma metaloenzima), às vezes macronutrientes, como o potássio, mas geralmente, micronutrientes. E se eles faltam, as enzimas não funcionam e os processos químicos não ocorrem, ou ocorrem muito lentamente com enorme desperdício de energia.

Os sinais de deficiência não precisam aparecer na planta (fome oculta) e mesmo assim já pode haver uma deficiência grave.

Quando 15% das plantas mostram sinais de deficiência é porque a carência já é muito forte e a depressão da colheita é grande.

Os micronutrientes mais comuns e mais conhecidos são os chamados catalisadores (aceleram os processos químicos), porque assistem nos processos de formação de substância vegetal ou na eliminação de "lixo metabólico". São praticamente os laboratoristas na fábrica bioquímica da planta. E como nenhuma fábrica farmacêutica ou química consegue funcionar sem os laboratoristas, a da planta também não consegue.

Se analisamos uma planta de milho, encontramos 28 elementos nutritivos e, destes, 17 são micronutrientes. Dividem-se em três grupos:
1. os catalisadores;
2. os estruturais;
3. diversos com funções não identificadas, mas que têm papel importante na vida animal.

Os micronutrientes catalíticos são: cobre (Cu), zinco (Zn), ferro (Fe), manganês (Mn), boro (B), molibdênio (Mo), cobalto (Co) e cloro (Cl). Uns contam o sódio (Na) a esses micronutrientes, outros consideram-no um macronutriente, pois ele pode substituir o potássio parcialmente. Seus teores variam entre 0,1 e 700 mg/kg de massa seca vegetal. Atualmente também considera-se o níquel (Ni).

Os micronutrientes estruturais ou assessorais, que entram, por exemplo, na estrutura das células são: silício (Si), bário (Ba), flúor (F) e estrôncio (S), dando firmeza à planta.

Mas existem outros micronutrientes cuja função não se descobriu ainda, mas que de qualquer maneira contribuem à saúde e resistência vegetal, como bromo (Br) e cádmio (Cd), normalmente considerados tóxicos, iodo (I), selênio (Se) e vanádio (V), (que parece poder substituir o Mo em casos específicos). Sabemos que o ar da Mata Atlântica é muito rico em bromo, oriundo da decomposição das folhas. Para que a planta o necessita, não se sabe. Talvez para aumentar a resistência ao calor? Em plantas de fumo, pode aumentar o crescimento radicular.

Ao todo, são encontrados 43 elementos nutritivos nas plantas. Para que servem exatamente, ninguém ainda sabe, mas pode-se crer que nenhuma planta iria absorver algum elemento que não tenha uso. Muitos elementos considerados tóxicos podem ser úteis em algumas situações específicas e dependendo da quantidade disponível no solo. Muitos são conhecidamente utilizados para a nutrição animal, em forrageiras.

Às vezes, acumulam elementos em maior escala, não porque os encontrassem com tanta frequência no solo, mas porque tem a capacidade de mobilizá-los, como podemos observar na tabela 2.

Tabela 2 – Plantas indicadoras de acúmulo de micronutrientes

Planta	Elemento acumulado
Arruda	Zinco
Amor-perfeito	Zinco
Maria-mole ou berneira	Zinco
Camélia japonesa	Alumínio
Digitalis purpurea	Manganês

As enzimas, "chaves patentes" dos segredos vegetais

Todas as enzimas (sendo que algumas – poucas – são ácidos nucleicos, as riboenzimas) são proteínas, mas nem todas proteínas são enzimas ou catalisadores biológicos, que aceleram reações metabólicas. E os micronutrientes participam como os ativadores destas enzimas. Elas se compõem de duas partes: uma proteína e um cofator ou ativador, que pode ser uma molécula orgânica, uma coenzima (geralmente, uma vitamina) e um íon mineral, muitas vezes um micronutriente, formando uma metaloenzima.

Conhecem-se mais de 200 enzimas vegetais e que receberam sempre o nome do processo que possibilitam ou inibem.

Todos os micronutrientes são antagonistas de macronutrientes e em parte também antagonistas entre si, o que deve ser bem entendido. Sem o antagonista, a ação benéfica do macronutriente não ocorre ou é muito reduzida.

Os antagonistas mais conhecidos são:
– nitrogênio/cobre;
– cobre/molibdênio;
– fósforo/zinco;
– fósforo/ferro;
– fósforo/manganês;
– potássio/boro;
– cálcio/manganês, ferro;
– nitrogênio-nítrico/molibdênio.

Antagonismo quer dizer que o excesso de um causa a deficiência do outro e a deficiência de um induz ao excesso do outro. Cada espécie tem suas proporções que lhe são específicas. Pode-se elevar os níveis, mas não pode-se alterar as proporções.

Assim, por exemplo, a proporção fósforo/zinco na soja é de 2.300/35 mg, ou seja, uma proporção de 65,7. A planta pode conter 1.600 mg de fósforo e 24 mg de zinco ou 4.200 mg de fósforo e 63 mg de zinco, mas a proporção é sempre mais ou menos de 65.

Cobre
Cu

– cátion (mulher) – carga elétrica positiva
– sólido
– cor: azul
– maleável
– bom condutor
– cultura que depende bastante:
arroz irrigado por inundação
– é parte constituinte do sangue de aranhas
– sempre ocorre em solos pantanosos

O COBRE (Cu) E SEU ANTAGONISMO COM O NITROGÊNIO

O nitrogênio amoniacal é controlado pelo cobre. Se este se tornar deficiente, a planta cresce demasiadamente, de cor verde-escura ostentando uma supernutrição (que muitos acham que seja planta vigorosa, mas em realidade é um falso vigor). Árvores como laranjeira, cafeeiro e cacaueiro formam folhas gigantes e, muitas vezes, o agricultor fica todo satisfeito ao ver essa "boa nutrição". Mas não é nada de bom! A deficiência de cobre que produz esta vegetação aparentemente luxuriante torna as plantas suscetíveis a doenças fúngicas.

Em muitas plantas, como o fumo ou o tomateiro deficiente em cobre por excesso de N, os brotos murcham com o sol e não há irrigação que o corrija. No trigo, as espigas têm dificuldade de sair da bainha da última folha, são brancas e estéreis.

O milho é o cultivo que mais nitrogênio suporta, sendo, por isso, sempre a primeira cultura após a roça do mato, e por isso até hoje ficou com o nome de "roça". Mas quando se usa nitrogênio demais e a proporção com o cobre se torna muito larga, ele se acama e, em casos extremos, parece planta volúvel que se arrasta sobre o chão. No Paraná, onde costumam dar uma adubação em cobertura de até 1.000 kg/ha de ureia, perguntaram: "Por que o milho se acama tão fácil?". E somente podia-se dizer: "Seria milagre se ficasse de pé com tanto nitrogênio e nenhum cobre adubado".

Vejamos, por exemplo, o efeito do cobre sobre o rendimento de trigo. Enquanto sem cobre o máximo de rendimento foi obtido com 80 kg/ha de nitrogênio, em três doses, com 20 kg/ha de sulfato de cobre (ou 5 kg/ha de cobre), o máximo de nitrogênio suportado foi de 120 kg/ha e a colheita subiu de 2.800 kg/ha para 4.150 kg/ha.

Outro exemplo é a experiência com arroz irrigado.

No campo de arroz altamente infestado com capim-arroz (*Echinochloa crusgalli*), numa região onde nunca se conseguem colheitas superiores a 85 sacos de arroz em casca (de 60 kg) por quadra quadrada (1,7424 ha), (2.927 kg/ha), que é considerado insuficiente pelo Instituto Riograndense de Arroz (IRGA; a média atual é de 155 sacos/ha), e onde a brusone baixou ainda mais o rendimento, foi feita uma experiência ecológica. Partiu-se do fato de que o capim arroz é indicador da instalação de uma camada de "redução" logo abaixo da superfície do solo. Redução quer dizer que existem condições anaeróbias (sem oxigênio, O_2) e os compostos químicos perderam seu oxigênio, trocando-o por hidrogênio. Assim, gás carbônico vira metano ($CO_2 - CH_4$), sulfato vira sulfito ($SO_3 - SH_2$), o manganês trivalente (Mn_2O_3) se reduz ao bivalente (MnO) e etc. O solo mostra manchas esbranquiçadas, azuladas e amarelas, sendo moqueado. Além da queda aguda de oxigênio nessa camada, formaram-se substâncias tóxicas que prejudicam o arroz, mas beneficiam o capim arroz.

Se for possível eliminar essa camada prejudicial, o arroz seria melhor nutrido e o capim arroz perderia seu sustento.

Resolvemos não queimar a palha, como foi aconselhado para eliminar as sementes do capim arroz, mas drenar bem o terreno e incorporar superficialmente a palha, adubando-a com 300 kg/ha de farinha de osso, o adubo mais barato nessa ocasião. Por experiência anterior, podia-se esperar que palha e fosfato cálcico iriam iniciar uma decomposição que permitia o assentamento (colonização) de fixadores de nitrogênio, de modo que este adubo não foi programado. Plantou-se a variedade 405 do Instituto Agronômico de Pelotas, que é um arroz de grão médio, pouco exigente. E como a brusone de qualquer maneira parecia ligada à deficiência de cobre, resolveu-se pulverizar a semente com uma solução de 0,8% de sulfato de cobre. Quando o arroz estava com 15 cm de altura, soltou-se mais 2,5 kg/ha de sulfato de cobre com a água de irrigação.

O resultado foi surpreendente. Não nasceu nenhum pé de capim arroz, apesar das milhões de sementes caídas, e, apesar da intensa busca do pessoal da fitopatologia, não se encontrou nenhum pé atacado por brusone. Vieram verdadeiras romarias para ver esse arroz, que rendeu 411 sacas (scs)/quadra quadrada (11.794 kg/ha) somente adubado com estes 300 kg/ha de farinha de osso. Mas não somente a quantidade aumentou consideravelmente. Quando o arroz foi vendido ao moinho, tivemos outra surpresa: ele foi classificado como "arroz longo de 1ª qualidade" por causa da quebra insignificante durante o beneficiamento. E enquanto o arroz comum dá ao redor de 48% de grãos inteiros na máquina, este deu 61%.

Aqui, a produtividade não foi alcançada pelo emprego maciço de insumos, mas pelo melhoramento das condições do ambiente e a eliminação da deficiência de cobre. Nessas condições, o aumento da quantidade corresponde ao aumento da qualidade, o que não corresponde quando se força o aumento da quantidade por uma adubação desequilibrada com somente NPK.

O cobre no solo

Sua deficiência ocorre especialmente em solos arenosos, após uma calagem pesada ou após uma adubação pesada com nitrogênio. Também em solos turfosos ele está carente. As quantidades que se encontram no solo são muito pequenas, aproximadamente 0,04 até 18 mg/kg partes por milhão (ppm) no solo. As plantas absorvem entre 4 e 30 ppm em média, mas existem plantas que podem absorver até 100 ppm (mg/kg).

A adubação gira por volta de 5 a 25 kg/ha de sulfato de cobre ou de um quelato cúprico com 13% de cobre. A adubação do solo dá mais resultado do que a adubação foliar. Em solos turfosos, se usam até 250 kg/ha de sulfato de cobre, porém acaba-se com isso com a matéria orgânica. Fungicidas cúpricos podem aumentar o teor de cobre no solo até níveis tóxicos.

O cobre na planta age especialmente na enzima catalase, que tem que desdobrar o peróxido de hidrogênio (H_2O_2), comumente conhecido como água oxigenada e que se acumula como lixo metabólico. Se a catalase não funcionar, a acumulação de H_2O_2 nas células pode levar ao aparecimento de câncer em animais e homens e a processos cancerosos na planta.

O cobre torna todos os seres vivos mais resistentes a infecções. Assim, trigo deficiente é atacado por oídio e helmintosporiose e também ferrugem. No homem, na falta de cobre, infecções são comuns, faltando a resistência até contra a gripe. Na China, quando se tem de usar água clarificada, filtrada e desionizada, usa-se deixar a água por uma a duas noites num tacho de cobre (cuidado com o zinabre!, que é uma oxidação do cobre e é venenoso).

O cobre não só necessita estar em equilíbrio com o nitrogênio, mas também com o molibdênio. A proporção entre cobre e molibdênio normalmente não é muito larga e no milho, arroz, trigo e forrageiras gramíneas, geralmente está entre 5 e 8, o que quer dizer: o teor de cobre tem que ser de 5 a 8 vezes maior do que o molibdênio.

O molibdênio pode aumentar ou diminuir, dependendo do solo e de seu trato. Assim, por uma calagem ou aplicação elevada de fósforo, o molibdênio torna-se mais disponível. Em solos temporariamente úmidos, ele também sobe de modo que pode provocar a deficiência aguda de cobre. Gado que pasta num campo desses sofre de diarreia forte pela falta de cobre.

No gado, a deficiência de cobre pode causar anemia, uma vez que existe uma correlação muito rígida entre ferro-cobre-cobalto, que tem que ser de 500-10-1. Se faltar o cobalto ou o cobre, o ferro, mesmo em abundância, não faz efeito.

Para detectar a deficiência de cobre no gado, especialmente no ovino, no qual a qualidade da lã depende de um abastecimento correto com cobre, os criadores mantêm um carneiro preto. Se este mudar de cor para marrom, é porque falta cobre. Também as vacas desbotam na carência deste micronutriente.

Porém, quando um certo criador de ovinos constatou a deficiência de cobre no seu rebanho e adicionou sal de cobre à ração, os ovinos adoeceram de uma estranha doença nos rins e morreram. Os rins estavam entupidos por uma massa pastosa em consequência de uma carência de molibdênio, que faz parte de uma enzima que elimina estas substâncias. O problema foi que o nível de cobre estava muito baixo, mas também o teor de molibdênio, e pela adição de cobre o molibdênio entrou em deficiência.

Cobre é muito importante para os animais. Se faltar, eles se tornam mais suscetíveis a infecções, inclusive à aftosa, problemas pulmonares e outros.

Antigamente, cachorros novos que tinham monquilho (um tipo de gripe muito violenta) eram curados com uma moeda de cobre que se fazia engolir com um pedaço de toucinho. Leite fervido em panela de cobre tem uma nata mole e tem um leve gosto de mel, enquanto leite fervido em tacho de alumínio fica de cor algo acinzentada e a nata é dura como couro.

Molibdênio
Mo

— ânion (homem) — carga negativa
— sólido
— cor branco prateado e brilhante
— existe em solos alcalinos, de pH alto
— é encontrado na rocha molibdenita
— ajuda na formação de grãos de pólen
— o aço mais forte é feito de molibdênio.
— essencial no processo de fixação biológica e do metabolismo de nitrogênio nas plantas

O MOLIBDÊNIO (Mo) ANTAGONISTA DO COBRE

É difícil dizer qual a proporção correta entre cobre e molibdênio, uma vez que existem poucas pesquisas e muitas vezes a semente já é deficiente. Assim, no algodão a proporção é dada como 35 (o Registro Nacional de Cultivares – NRC – informa que em geral o ideal está entre 6:1 e 10:1), mas isso não quer dizer que é o certo, porque numa cultura como o algodoeiro, que recebe de 12 a 25 pulverizações com defensivos (muitos dos quais tem íons minerais em sua composição), muita coisa deve estar desequilibrada. Uma planta equilibradamente nutrida possui seu sistema de defesa funcionando e é mais resistente. Já em 1963, Bachelier mostra que a lagarta-rosada no algodão aparece especialmente quando falta fósforo e molibdênio na dieta vegetal. Também a mosca-das-frutas ataca mais os pessegueiros deficientes em molibdênio.

Um solo bem provido com molibdênio é aquele que possui entre 0,5 e 3,5 mg de Mo por cada quilo de terra. Solos com pouca acidez normalmente são mais ricos que solos ácidos e, onde houver matéria orgânica, o abastecimento com molibdênio é melhor. Alumínio e ferro possuem efeito depressivo sobre o molibdênio, provavelmente pela redução da disponibilidade do fósforo que eles imobilizam.

Nas plantas, especialmente nas hortaliças, a deficiência parece ser frequente, uma vez que muitos se preocupam com os níveis elevados de nitratos nos vegetais. Molibdênio ativa uma enzima chamada nitrato redutase, reduzindo o nitrato para nitrito e este logo é transformado em amino para a formação de aminoácidos. Entre deficiência e toxidez são somente alguns gramas de diferença. Uma adubação de 140 a 250 g/ha é o suficiente para remover uma deficiência.

Em solos ácidos, o molibdênio não está disponível, mas em solos arenosos, ele pode faltar definitivamente, já que estes solos são mais pobres em todos os nutrientes.

Para adubar com molibdênio, usa-se normalmente superfosfato molibdenizado. Coloca-se 0,5 kg de molibdato de sódio por uma tonelada de superfosfato.

Leguminosas são mais ricas em molibdênio que gramíneas, de modo que induzem mais facilmente a deficiência de cobre. O excesso de molibdênio ocorre em muitos solos, especialmente quando forem de baixadas, e um excesso permanente causa osteoporose.

Para curar a acumulação de elevadas quantidades de nitratos nas folhas vegetais, como, por exemplo, em um tipo de melão, basta pulverizar com uma solução de 0,1% de molibdato de sódio.

Tabela 3 – Efeito de molibdênio sobre a concentração de nitratos

Folhas Normais	Folhas deficientes em Mo
Nitratos, em mg/kg	Nitratos, em mg/kg (ppm)
900	5.880
743	3.965

Isso mostra que o aumento de nitratos nas plantas cultivadas não ocorre por abuso de adubo nitrogenado, mas por falta de molibdênio.

Como uma calagem aumenta a disponibilidade de Mo, acreditava-se que era suficiente aplicar calcário para elevar o teor de molibdênio. Mas o Mo pode se esgotar, como aconteceu em muitos solos pastoris onde antigamente se produziam bois gordos de 650 a 700 kg e que hoje de maneira alguma chegam mais lá. As queimadas anuais das pastagens forçaram uma modificação e o Mo é cada vez mais deficiente. Uma gramínea que indica a carência de Mo é o *Sporobulus indicus* ou capim-touceirinha, que possui a capacidade de se apoderar de Mo onde as outras gramíneas já não o conseguem mais.

Outra planta indicadora desta deficiência é o amendoim-bravo ou leiteira (*Euphorbia heterofilla*), que surge sempre com maior frequência nos campos de soja.

Quanto mais se queima, tanto mais deficiente o molibdênio se torna e tanto menos próspero se torna o rebanho.

Tabela 4 – Efeito de adubação sobre o teor de Mo no solo

Tratamento	Nível de Mo (ppm)
Campo sem adubação	1,8
Com calagem	6,2
Calagem e NPK	13,1

Calagem e adubação fosfatada aumentam o Mo, mas podem causar a deficiência de cobre e de zinco, que igualmente é desequilibrado pelo fósforo, de modo que a adubação de pastagem pode aumentar a produção de massa verde, mas diminuir perigosamente o valor nutritivo e especialmente o valor biológico da forragem por causa dos desequilíbrios entre:

N/Cu Cu/Mo P/Zn Ca/Mn

Aplicam-se os macronutrientes, mas provoca-se a carência de micronutrientes, indispensáveis para a saúde animal. O agricultor que aduba está ciente disso?

Além disso, os nutrientes enxofre (S), zinco (Zn) e molibdênio (Mo) são justamente os nutrientes que contribuem para a melhor digestão de fibras e celulose, o que é vital em períodos secos, nos quais o gado se sustenta de capim velho ou seco. Quando estes nutrientes estiverem presentes, o gado se manterá bem durante a seca e, quando faltarem, decairá muito, podendo até morrer de subnutrição. Assim, uma adubação com elevada quantidade de fósforo, como se costuma fazer para o algodão que precede a implantação de pastagem, pode diminuir a disponibilidade de zinco e de enxofre e, com isso, diminuir a possibilidade de disponibilidade de zinco e enxofre, e também diminuir a possibilidade de o gado se manter durante a seca.

Esteja consciente: cada desequilíbrio é prejudicial, de modo que a adubação com um ou mais macronutrientes ajudam menos pela massa vegetal que produzem do que prejudicam pelo desequilíbrio que causam na nutrição e no desenvolvimento animal.

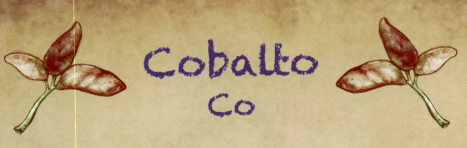

Cobalto
Co

— o nome cobalto vem da palavra kobold que significa goblin, um duende das lendas germânicas.
— Goblins vêm de sagas da Alemanha, Grã-Bretanha e Escandinávia, onde são chamados de trolls. Eles são imaginados como pequenas criaturas que se parecem muito com humanos.
— cátion (mulher) – carga positiva
— sólido
— cor: azul cobalto
— o cobalto foi o microelemento que salvou a neta de Ana, Paola, da anemia profunda que a acometia. Sem ele, o ferro não é absorvido.
— a referência ao jatobá relaciona a figura de Paola à seiva desta árvore

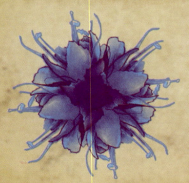

O COBALTO (Co)

Faz pouco tempo que se duvidava ainda da necessidade de cobalto para a produção vegetal, embora se conhecesse o dramático efeito que provocou na área animal. Sabemos que na maior parte do Brasil, o cobalto é deficiente, causando falta de apetite, perda de peso, pelos arrepiados, pele grossa, anemia e, às vezes, morte nos garrotes (novilhas) em condições de pastagem, chamado de "pela-rabo, toca, chorona ou peste de secar".

O gado deficiente se lambe muito e pode produzir bolotas de pelos na pança (ou rúmen). Ovinos e caprinos roem a casca de árvores e até bovinos comem cascas de árvores. Normalmente, junta-se 40 g de cloreto de cobalto para cada 100 Kg de sal mineral. Mas na Amazônia isso é pouco, e se tem de juntar 80 g para cada 100 kg.

Sabe-se que o cobalto é responsável pela formação da vitamina B12 (cobalamina) e esta é ligada à formação da hemoglobina. Mas como as bactérias noduladoras das leguminosas necessitam igualmente de uma substância parecida com a hemoglobina, o leg-hemoglobina, a adição de cobalto provocou um aumento dramático da fixação de nitrogênio.

Tabela 5 – Influência de cobalto na fixação de nitrogênio por bactérias noduladoras em alfafa. (seg. Malavolta)

Tratamento	Nível de N na planta (g/kg)
Inoculado	2,3
Inoculado + Co	20,4
Inoculado + Nitrato de cálcio	34,6
Inoculado + Nitrato de cálcio + Co	35,1

Verifica-se que em presença de adubação, a planta não fixou mais nitrogênio, enquanto que entre a planta somente inoculada e ainda adubada a diferença é dramática. A mesma experiência foi feita por um plantador de soja perto de Ponta Grossa (Paraná). Recebeu de uma firma um preparado de molibdênio e cobalto para enriquecimento de sementes. Achou que era besteira e, para mostrar ao representante da firma que não funcionava, resolveu plantar a semente tratada em um campo que já ia abandonar por causa de avançada decadência do solo. A surpresa foi grande quando essa soja (de ciclo curto e médio) deu 25% a mais que a soja na terra boa.

Em solos úmidos, perto de represas e lagos, o cobalto pode faltar. É o conhecido e temido o *"phalaris-stagger"*, isto é, uma tremedeira que acomete o gado que pasta *Phalaris* (Falaris) nesses terrenos, que parece ser extremamente resistente contra a falta de cobalto. Porém, o gado sente a deficiência aguda de cobalto e fica com essa tremedeira que lhe causa grande perda de peso.

Cobre, zinco e manganês são essenciais para a fertilidade do gado e, se esses micronutrientes forem carentes, as vacas serão menos férteis, os machos poderão se tornar estéreis e os abortos serão frequentes.

Manganês
Mn

– sólido
– ativador das enzimas de crescimento das plantas
– elemento essencial na fotossíntese para fornecer a energia,
– usado em pilhas
– cátion (mulher) carga positiva.
– fundamental para a formação de ossos, calcificações.
– branco
– muito necessitado no trigo
– é essencial à síntese de clorofila
– realiza a fotólise da água (separa 4H de O2)
– atua no desenvolvimento das raízes

O MANGANÊS (Mn)

O manganês é o micronutriente mais perseguido, porque em nossos solos decaídos (com uma quantidade muito baixa ou ausência de macroporos) e parcialmente anaeróbios se torna disponível em quantidades tóxicas. E, em lugar de se melhorar as condições dos solos, especialmente seu sistema poroso e as compactações, persegue-se o manganês com calagens, já que em forma reduzida por causa do anaerobismo do solo, pode prejudicar as culturas. Mas esquecem-se de quatro fatores:
1. que todas nossas leguminosas tropicais, inclusive o feijão, necessitam de manganês para seu desenvolvimento; por exemplo, o amendoim não cresce normalmente se não tiver manganês no solo, embora necessite de cálcio para a formação de suas baguinhas (pequenas vagens ou frutos);
2. que é o antagonista do cálcio e, após uma calagem, as plantas necessitam de mais manganês para equilibrar a maior quantidade de cálcio; mas em solos que receberam calagem para corrigi-los, o manganês, ao lado do alumínio, são fixados e ocorre a deficiência desse elemento;

3. o manganês é indispensável na metabolização de amônio, normalmente usado como adubo em nossos solos;
4. o manganês, junto com o zinco e o boro, age sobre a respiração das plantas; vegetais deficientes nesses micronutrientes gastam o dobro ou mais de água para formar um quilo de substância vegetal do que plantas não carentes.

A inter-relação dos micronutrientes é delicada. Manganês pode ser mobilizado pelo boro, igual ao zinco, mas o cobre é imobilizado. Nos micronutrientes, pouco ou muito é questão de alguns quilos. Uma calagem fixa manganês e zinco. Uma adubação elevada de fósforo em forma de superfosfato aumenta a absorção de manganês e ferro, mas diminui a de boro, cobre e zinco.

Tabela 6 – Composição de folhas de laranjeira com doses crescentes de fósforo – em mg/quilograma de massa seca

Fósforo Kg/ha	Boro	Cobre	Ferro	Manganês	Zinco
0	35	5,3	54	32	28
85	42	4,5	52	28	30
400	30	2,0	72	37	20
1000	28	1,0	51	44	21
2000	23	1,4	72	77	12

Como boro contribui para o vigor da planta, e sem zinco não há crescimento e sem cobre não se forma ácido ascórbico ou vitamina C, as laranjas são completamente desvalorizadas por uma adubação bem intencionada, mas mal feita. Dizem os argentinos que o tão perseguido "cancro cítrico" é somente o resultado da deficiência de micronutrientes e de matéria orgânica.

Manganês e ferro podem se tornar tóxicos em condições submersas, como em terras de arroz irrigado. Mas se o aumento do manganês é acompanhado pelo aumento de ferro, a toxidez não ocorre. Assim, em um arroz irrigado, detectaram 3.500 ppm de manganês, o que deveria ser altamente tóxico, e também 500 ppm de ferro, igualmente tóxico, mas os dois juntos se equilibraram e não ocorreu toxidez alguma, embora 2.500 ppm de manganês e 300 ppm de ferro sejam considerados tóxicos para arroz.

No solo, o manganês ocorre entre 135 e 300 ppm, ou seja, mg/kg de solo. Mas entre pH 6,6 e 8,0, ele é de muita pouca disponibilidade, de modo que pode faltar para a cultura. Também em solos arenosos sua falta é frequente.

Aduba-se entre 15 e 100 kg/ha de sulfato de manganês ou, como é mais aconselhável em todos os micronutrientes com algum composto de micronutrientes borossilicatados (como FTE), que são menos solúveis e, portanto, de maior duração no solo. Também é mais difícil ocorrer reações tóxicas.

O arroz é uma das culturas que necessita de bastante manganês no solo, sendo 20 ppm considerado deficiente e 300 ppm bom. O trigo é outra cultura que necessita e esgota este nutriente. O aparecimento de nabiça nos campos de trigo não se deve somente à semente trazida de algum lugar, mas especialmente do esgotamento em boro e manganês, do qual a nabiça é planta indicadora.

Outro cultivo extremamente sensível à falta deste nutriente é a aveia, que mostra manchas pardas e aguadas nas folhas e que, em seguida, são parasitadas por bactérias. A carência de Mn pode arrasar um cultivo de aveia.

Mas também culturas como beterraba vermelha e cenoura se ressentem de sua falta. As raízes de cenoura são forquilhadas, curtas e extremamente cabeludas se não encontram manganês suficiente. Nos tomates, os brotos amarelecem e há partes das folhas que secam. A alface fica toda amarela clara, sendo imprestável para a comercialização. No feijão, aparece uma espécie de ferrugem nas vagens e, na couve, as folhas são mosqueadas.

O excesso de manganês mostra sintomas idênticos à deficiência de cálcio, com as nervuras marrons, entupidas e a morte dos pecíolos. Não é somente uma calagem que remove esse excesso, mas igualmente uma adubação orgânica, que contribui para o melhor arejamento do solo e, com isso, para a menor disponibilidade de Mn. O manganês trivalente é inócuo.

Existe uma estreita relação entre o teor em manganês na forragem e a fertilidade de vacas. Na forragem, exige-se no mínimo 60 ppm de Mn. Por isso a "correção" de um solo pastoril para poder implantar uma forrageira exótica é sumamente desfavorável. O solo pastoril deve ter um pH ao redor de 5,6 onde já dispõe de suficiente fósforo, mas ainda não tem seus micronutrientes fixados no solo, indisponibilizados. Por meio de uma calagem corretiva o manganês tende a diminuir e o cobalto a desaparecer. Portanto, uma calagem pode aumentar o volume da forragem, mas pode ser sumamente desfavorável para a saúde e fertilidade do gado.

Em campos agrícolas, os micronutrientes Mn, Zn, B, Cu e Co aumentam pela adubação com sulfato de amônio, que contribui para a acidificação do solo. Em pastagens, a adubação com nitrogênio amoniacal não é aconselhada por esgotar sobremaneira as reservas das raízes que se tornam mais fracas, rebrotam muito mais tarde e se tornam mais suscetíveis à seca.

Manganês é importante para a formação dos ossos e sua calcificação. As galinhas com dieta deficiente têm os ossos mais finos e tortos, quebrando com facilidade, de modo que pular do poleiro é suficiente para que quebrem pernas e costelas. Os pintinhos morrem na casca entre os dias 18 e 21 da incubação e os que sobrevivem têm, em parte, dificuldade de picar, morrendo. Normalmente os ovos de galinhas com mais de um ano são mais deficientes em manganês do que de galinhas novas, por terem maior porte e, portanto, maior necessidade desse elemento. Também as cascas de ovos são mais finas quando falta Mn.

Ferro e manganês são nutrientes que aumentam a produção de ovos de galinhas de granja, bem como a incubabilidade dos ovos. Coelhos com deficiência de Mn têm suas pernas deformadas e tortas por causa de calcificação deficiente. O mesmo efeito se consegue com a deficiência de cobre em cachorros.

Boro
B

– responsável pelo transporte dos carboidratos da folha para a raiz
– Permite o desenvolvimento mais vigoroso das raízes, que são como intestinos e pulmões das plantas.
- ânion (negativo) – homem
- sólido
– cor: cinza escuro
- é indicador de solo fértil, e a presença do dente-de-leão é seu indicador.
– o algodão precisa bastante de boro
– realiza a translocação de açúcares e participa do metabolismo de carboidratos – o que na prática faz com que as frutas e verduras fiquem mais doces, as raízes cresçam melhor e o processo de cicatrização de feridas seja mais rápido
– ajudam no florescimento e frutificação
- atuam na formação da parede celular (em que o cálcio participa).
– sua relação com o Ca e o K é importante

O MICRONUTRIENTE BORO (B) NA PLANTA

No Brasil, o potássio muitas vezes não faz efeito, ou faz até um efeito negativo, deprimindo a colheita. Isso tem duas razões:
1. o uso de amônio como adubo nitrogênio, o que deprime a absorção do potássio, por competição pelo sítio de absorção;
2. o antagonismo com o boro, cuja necessidade cresce com o aumento de potássio do solo, e que, entrando em deficiência, diminui a colheita drasticamente.

A absorção de potássio, que é preferencial, em especial para gramíneas com baixa CTC (capacidade de troca catiônica) de raízes, mas não para leguminosas (com CTC de raízes maior), diminui igualmente a de cálcio e magnésio, quando amônio foi usado como adubo nitrogenado. Em pastagens este desequilíbrio com magnésio e cálcio pode levar até à "tetania de pastagens" por falta destes dois nutrientes.

Tabela 7 – Níveis de nutrientes nas folhas de soja em decorrência da ausência ou presença de boro

Saturação da CTC* com potássio %	Sem Boro				Com Boro			
	B	K	Ca	Mg	B	K	Ca	Mg
	ppm	%	%	%	ppm	%	%	%
0	11	0,4	1,4	1,5	75	0,4	1,6	1,4
1,0	24	0,8	1,1	1,7	47	1,2	1,4	0,9
4,0	11	2,1	0,7	0,4	50	1,6	1,1	0,7
12,0	6	2,2	0,6	0,3	39	2,6	1,3	0,8

* CTC é a capacidade de troca de cátions como potássio, cálcio e magnésio.
Obs.: ppm=mg/kg e %=g/kg

A tabela 7 mostra que, com 4% e 12,0% de K na CTC com boro, a absorção de K é menor pelas plantas, mas, por outro lado, a absorção de cálcio e magnésio é maior do que na soja sem boro: 12% de potássio era um excesso muito grande que, no tratamento sem boro, prejudicou seriamente a absorção de boro, cálcio e magnésio. Quer dizer, nesse caso, que o efeito de potássio será violentamente depressivo sobre a colheita. Mas 12% é uma quantidade altamente nociva de potássio. Verifica-se também que, na medida em que se aumenta a quantidade de potássio, diminui a de boro na folha, tornando a quantidade existente insuficiente. Assim, o potássio sempre deveria ser acompanhado por seu antagonista, o boro.

Nos cereais, a proporção K/B é mais ou menos 1.000, ou seja, mais ou menos 1.000 vezes mais potássio do que boro. Em algumas culturas, como algodão, a proporção é somente de 500 ou menor.

Boro, zinco e molibdênio são os três micronutrientes que sempre faltaram em épocas secas e que se normalizam em períodos chuvosos. Mas uma calagem e adubação com fósforo e potássio pode desequilibrar esses elementos, de modo que faltem mesmo em períodos normais.

SÉRIE ANA PRIMAVESI

MICRONUTRIENTES
Os duendes gigantes da vida

Ana Maria Primavesi

Cloro
Cl

expressão POPULAR

O boro na planta é de suma importância, porque é o responsável pelo transporte dos carboidratos da folha para a raiz. Quando faltar boro, esse transporte se torna deficiente e a raiz fica fraca, absorve menos, cresce menos e finalmente pode ser atacada por fungos que a fazem apodrecer. As plantas deficientes em boro, com suas raízes pequenas e fracas, se tornam muito suscetíveis à seca. E ainda que as quantidades de boro na folha oscilem geralmente entre 8 e 22 ppm, raramente subindo até 55 ppm ou mais, a importância é fundamental.

As culturas que mais necessitam boro são café, citros, manga, mandioca, batata-doce, aspargo, girassol, verduras em geral e leguminosas, mas antes de tudo, algodão.

Na deficiência de boro, as partes mais afetadas são as raízes e brotos. Ambos morrem em casos graves. Não é raro verificar cafeeiros, pinheiros ou outras árvores cujos galhos são mais compridos que a guia central; é a deficiência de boro! A formação de "vassouras" na mandioca e de "leques" no cafeeiro são bem conhecidos.

Brotos que não crescem, como em alface, batata-doce, beterrabas, alfafa etc., caules que racham, como na acelga, ou que apodrecem por dentro, como de couve-flor ou bananeiras, raízes ocas, como beterrabas e nabos, "pedras" nas frutas de peras e bananas, cachos de uvas com parte das frutinhas pequenas não desenvolvidas, deformação em batatinha inglesa, espigas múltiplas, pequenas, deformadas e em parte estéreis em milho híbrido, ou espigas com poucos grãos no milho comum, brotos mortos com rebrota em volta; tudo isso são sinais da deficiência de boro, que diferem segundo a espécie e a idade da planta em que ocorreu.

Goiabeiras não somente têm frutas bichadas, mas também o tronco brocado quando faltar boro e que desaparecem como por encanto quando adubado com bórax.

O café arábica é mais exigente em micronutrientes que o robusta, e em plantas sadias, deve ter aproximadamente 77 ppm de boro nas folhas, dependendo, porém, do abastecimento com potássio.

Embora o cafeeiro tenha 400 vezes mais potássio do que boro, após uma colheita grande, o pé morre por exaustão (seca fisiológica) se faltar boro, por ter sua raiz completamente desprovida de quaisquer reservas para uma rebrota, especialmente quando houver falta de magnésio.

Um aspecto muito indesejável na deficiência de boro é que as sementes germinam muito pouco, sendo grande parte incapaz de germinar. Assim, no Mato Grosso do Sul se colhe um trigo muito mais bonito e graúdo, mas de péssima germinação. E o amendoim quase não forma baguinhos (primórdios de vagens) e as sementes não nascem se faltar boro.

O trigo, embora contenha muito boro no tecido vegetal, esgota o solo em boro disponível.

Mas existem plantas muito sensíveis a níveis mais elevados de boro, como seringueiras, teeiros, cacaueiros etc.

O excesso de boro pode ocorrer em regiões semiáridas, onde, por métodos deficientes de irrigação (que precisam lixiviar a terra), ocorre a salinização superficial dos solos e, muitas vezes, o aparecimento de boratos que podem intoxicar a vegetação, uma vez que níveis deficientes e tóxicos são muito próximos.

Existem plantas, como variedades de soja e o trigo-mourisco (sarraceno), em que a deficiência de boro somente aparece em épocas de dias longos, como no verão no Rio Grande do Sul, onde há mais de 14 horas de luz. Mas em outras plantas exigentes em boro, como girassol, algodão ou tomate, isso não ocorre.

Como há plantas muito sensíveis à falta de boro, ou outros micronutrientes, elas podem servir de "indicadoras".

Tabela 8 – Plantas indicadoras de deficiências

Micronutriente	Plantas
Boro	Fumo, milho híbrido, couve-flor, beterraba
Ferro	Fumo, couve-flor, repolho
Manganês	Aveia, alface, cenoura, fumo
Molibdênio	Couve-flor, assa-peixe, amendoim-bravo que aparece em solos esgotados por Mo
Zinco	Laranjeiras, cafeeiros e banana-maçã
Cobre	Fumo, tomateiro, pessegueiro (gomose)

A necessidade de micronutrientes, especialmente a que diz respeito à saúde vegetal, está começando a penetrar na consciência do agricultor. Assim, no ano agrícola 1985-1986, muitos plantadores de feijão em São Paulo não se preocuparam mais com a mosca-branca (*Bemisia tabaci*), transmissora de uma virose que não tem cura. Mesmo usando praguicidas muito fortes, a virose não podia ser controlada porque a mosca já havia picado as plantinhas durante a emergência. Mas, de repente, descobriram que quando as plantas de feijoeiro eram pulverizadas com bórax na base de 1 kg/ha, ou seja, mais ou menos numa concentração de 0,3 a 0,4%, os feijoeiros produziam normalmente, mesmo atacados pela virose.

No Paraná, onde a mosca-branca se tornou praga também em plantações de soja, desenvolveu-se um sistema de captura que é mais eficiente que defensivos, porque as moscas escondidas debaixo das folhas não eram atingidas. Colocam entre duas taquaras uma faixa de plástico amarelo que pintam com óleo diesel e a fixam na frente do trator. Passando com esta faixa pouco acima dos feijoeiros, as moscas, atraídas pelo amarelo, pulam contra a faixa e grudam no óleo. Assim, sua eliminação é quase completa e não criam resistência contra esse tipo de combate.

O boro igualmente é um preventivo contra a lagarta-do-cartucho (*Spodoptera frugiperda*) do milho. Pulverizando a semente com uma solução de 0,3% de bórax e misturando bórax junto com o adubo – pode ser em forma de FTE –, a lagarta-do-cartucho não ataca o milho ou o faz somente de forma insignificante. O ataque prejudicial ocorre apenas nos brotos fracos e especialmente em períodos secos, quando o boro fica carente e o broto tem dificuldade para crescer e se abrir. E enquanto nos últimos três anos, na região de Avaré (São Paulo), muitos plantadores perderam boa parte de seu milho pela lagarta-do-cartucho, nos campos de milho tratado com boro não apareceram.

O boro não somente protege as plantas no campo, mas protege igualmente os grãos no armazém. Os grãos de plantas suficientemente abastecidos com boro formam grãos mais ricos em proteínas e carboidratos, mais difíceis de serem atacados no caminho (transporte) ou no armazenamento.

Micronutrientes não somente aumentam a produção, mas também aumentam sua qualidade. Boro-zinco-cobre conseguem um milho mais pesado e mais saboroso.

Assim, um caminhão graneleiro que normalmente leva 15 toneladas de grão não consegue encher a carroceria com milho tratado com micronutrientes, porque com um palmo abaixo da margem superior os pneus já começaram a ceder. Levado à balança, o peso já era de 17 toneladas, com uma umidade de 17,5% (grãos mais pesados).

O milho tratado com micronutrientes, vendido a um haras, fez sucesso com os cavalos, acostumados a receber seu milho misturado com aveia e cenouras para aceitá-lo. Esse milho foi aceito pelos cavalos não somente sem qualquer mistura, mas gostaram tanto dele que até arrombaram o armazém e o roubaram. E feito fubá desse milho, parecia curau de milho verde.

Boro faz um efeito muito grande também no fumo. Não somente permite maior adubação potássica, embora este deva ser dado somente em forma de sulfato, pois o cloro prejudica todas as solanáceas, como fumo, tomate e batatinha, mas o boro aumenta igualmente o aroma e baixa o teor de nicotina, de modo que se produz um fumo suave e aromático, tipo Turquia. Na Turquia, os solos neutros a alcalinos têm um nível elevado de boro, que torna seu fumo privilegiado.

Finalmente, o boro beneficia a formação de aminoácidos essenciais que animal e homem não conseguem formar e que tem de ser fornecidos pelas plantas. E embora pouco ou nada se saiba sobre o boro na dieta humana, parece existir uma correlação entre sua deficiência e a frequência de câncer.

Zinco
Zn

– sólido
– cátion (positivo) – mulher
– atua na resistência à seca
– café é uma cultura que precisa deste microelemento
– prateado
– realiza as trocas gasosas de O2 e CO2 na respiração.
– importante na fotossíntese e formação de açúcar, síntese de proteínas, fertilidade e produção de sementes, regulagem do crescimento e defesa contra doenças, nas plantas, e imunidade, cicatrização de lesões, digestão, reprodução, crescimento físico e para o bom funcionamento do sistema respiratório, no homem

O ZINCO (Zn) NA PLANTA E NO ANIMAL

Nos trópicos, o zinco é tido como o elemento mais importante na resistência vegetal à seca. Todos conhecem cafeeiros amarelados do lado norte (mais ensolarado) e verdes do lado sul. É a deficiência de zinco que é maior onde o calor e a seca são maiores. É o primeiro micronutriente a faltar em períodos secos, ao lado de boro.

Zinco é o ativador de algumas enzimas que influem sobre a fotossíntese e se ele faltar há uma redução drástica de fotossíntese, o que resulta em um crescimento vegetal muito menor. As plantas ficam pequenas, os entrenós são muito curtos e, especialmente na ponta dos galhos, aparecem tufos de folhas muito pequenas, as chamadas "rosetas". As plantas absorvem normalmente os outros nutrientes e, em uma análise foliar, aparecem níveis até duas vezes maiores do que o normal. Mas mesmo assim, não conseguem crescer. Falta o zinco! Zinco ativa igualmente o hormônio de crescimento, o ácido indolacético. E como a deficiência de zinco pode ser induzida por luz intensa, se considerou novamente o sombreamento das culturas tradicionalmente de sombra na maioria dos países, como café, cacau, guaraná. Quase todos os micronutrientes são absorvidos mais na sombra do que na luz, como mostra a tabela 9.

Tabela 9 – Teor de micronutrientes de cafeeiro na sombra e luz

Micronutrientes	Na sombra, em ppm		Em plena luz, em ppm	
	Fevereiro	Julho	Fevereiro	Julho
Ferro (Fe)	277	147	242	120
Manganês (Mn)	91	99	56	48
Fe/Mn	3,4	1,4	4,3	2,5
Zinco (Zn)	10,9	14,5	9,8	14,1
Boro (B)	96	84	129	84
Cobre (Cu)	19	26,3	15	16

Mas hoje pergunta-se: seria o impacto da radiação solar sobre o solo e seu aquecimento e ressecamento que impede a absorção de nutrientes ou seria o efeito da luz que atinge a folha? Como é a raiz que tem que absorver e como o solo sombreado por uma cobertura morta ou uma cultura intercalada fica mais fresco e mais úmido, o que beneficia a disponibilidade dos micronutrientes, pode-se acreditar que a luz não prejudica tanto a parte aérea como prejudica a raiz. E se a raiz conseguir fornecer suficiente água à folha, a luminosidade não parece ter um efeito tão prejudicial.

O teor em zinco em folhas sadias oscila entre 76 e 280 ppm, enquanto em folhas deficientes nunca passa de 75 ppm, sendo sempre menor em plantas mais velhas. Em macieiras, a colheita sobe anualmente pela aplicação foliar de zinco e manganês e, no quarto ano, é quatro vezes maior do que no primeiro.

Em feijão e ervilhas, sobe a produção de sementes pela aplicação de zinco. Porém, as exigências são diferentes segundo a variedade. Observa-se, por exemplo, que o feijão alcançou seu máximo com 10 ppm de Zn na folha, enquanto a ervilha com 20 ppm ainda não alcançou seu máximo. Mas as variedades de feijão também têm exigências diferentes. O feijão carioquinha é muito mais resistente à seca do que o carioca 80, que em períodos secos rende menos. Há um antagonismo forte entre fósforo/zinco e cálcio/zinco e o adubo fosfatado pode baixar a colheita enquanto não existir o suficiente em zinco no solo. Isso ocorre facilmente em algumas variedades de soja.

Há um efeito "acumulativo" de nutrientes na folha quando faltar zinco. No momento em que se pulveriza a folha com zinco, a planta começa a crescer e os teores de macronutrientes diminuem.

O milho, em especial o híbrido, embora tenha ao redor de 28 nutrientes na folha (como de C, H$_2$O, N, S, P, K, Ca, Mg, B, Zn, Cu, Mo, Fe, Mn, Cl, Ni e outros, que podem ser úteis ou também tóxicos quando ultrapassam o nível crítico, tais como Si, Na, V, Al, Fl, Li, Pb, Ba, Th, Br, Cs, Zr, Cd, La, Se e ainda outros, em especial quando se considera o binômio planta--animal), necessita especialmente de zinco. Se este faltar, seu broto é quase branco. Mas se o zinco já faltar no tecido de reserva da semente, esta germina, mas após duas semanas a plantinha nova estaciona por 10 a 15 dias. Neste ínterim, as raízes crescem e tentam mobilizar o zinco do solo para a continuação do crescimento. Na cana-de-açúcar e milho, as plantas de "dois crescimentos" (duas fases de desenvolvimento) são comuns. É a deficiência de zinco. Mas enquanto a planta luta para poder continuar seu crescimento/desenvolvimento, isso significa que seu estado é precário e ela é facilmente atacada pela broca-do-colo, o *Elasmopalpus lignosellus*, que pode matar apreciável quantidade de plantinhas novas.

Como o antagonismo entre os nutrientes é decisivo para a deficiência, porque o excesso de um induz a deficiência do outro, a tabela 10 mostra os antagonismos mais comuns. Isso significa que, quanto mais se aplica um elemento, tanto mais se deve aplicar o outro para manter o equilíbrio, indispensável para a produção vegetal.

Tabela 10 – Deficiência provocada por excesso de algum nutriente mineral

Excesso	Deficiência
Nitrogênio nítrico	Cálcio, potássio
Nitrogênio amoniacal	Cobre, cálcio, potássio
Zinco (pomares)	Ferro, manganês
Cobre	Molibdênio
Molibdênio	Cobre
Cálcio (calagem)	Manganês, ferro, potássio
Fósforo	Zinco
Enxofre	Fósforo, cálcio
Manganês	Ferro, fósforo
Ferro	Manganês, fósforo
Cálcio, fósforo	Cobre (por causa do excesso de molibdênio)
Potássio	Boro, magnésio

Essa tabela mostra que não é possível adubar simplesmente grande quantidade de um nutriente esperando o aumento da colheita. E a famosa "calibração" das análises e adubações é justamente a determinação do nível do antagonista a partir do qual o nutriente aplicado começa a prejudicar por causa de seu excesso.

Há ao redor de 50 ou 58 ppm de zinco solúvel em água no solo superficial vivo. O zinco depende extremamente da mobilização por microrganismos e, portanto, quase não existe em forma disponível no subsolo inerte. Sua maior disponibilidade ocorre em solos com pH abaixo de 5,5.

Uma adubação forte com fósforo solúvel, como de superfosfato triplo, pode causar excesso de fósforo (P) na planta, com a consequente precipitação do zinco, já absorvido, nas nervuras.

Tabela 11 – Capacidade de extração de zinco do solo

Capacidade Baixa	Feijão, soja, milho, linho, mamona, videira, cafeeiro, laranjeira
Capacidade Média	Batatinha inglesa, tomate, cebola, alfafa, trevos, beterraba
Capacidade Grande	Cereais de grãos miúdos, aspargo, cenoura, menta, gramíneas forrageiras

As plantas com capacidade pequena de extrair zinco do solo necessitam mais do nutriente em forma disponível no solo do que espécies que possuem capacidade grande e conseguem mobilizar zinco de formas pouco solúveis. Por exemplo, no milho, a planta normal tem 30 a 100 ppm de zinco, enquanto que a deficiente tem 11 a 20 ppm.

Os níveis necessários de zinco dependem altamente dos níveis de fósforo na planta e, enquanto o fósforo for baixo, ao redor de 0,24%, também 20 ppm de zinco são o suficiente. Mas quando esse sobe a 0,40%, 20 ppm de zinco é muito deficiente, de modo que a adubação fosfatada deve ser sempre acompanhada de zinco para não causar desequilíbrios. Muitas formulações de NPK já são acompanhadas de zinco e boro para evitar desequilíbrios.

O zinco é importante para o crescimento animal. Especialmente as tireoides e o pâncreas são ricos neste elemento. O zinco é indispensável na eliminação do gás carbônico do sangue.

Puderam ser feitas relações diretas entre a falta de zinco no organismo e a esterilidade dos machos, com atrofia dos testículos e pouco esperma. Especialmente o esperma é muito rico em zinco. Mas existe igualmente a relação direta entre a carência deste nutriente e o câncer de próstata. Diabéticos também têm somente a metade do nível de zinco do que pessoas sadias. Porém a administração de zinco não alterou o estado.

A superadubação (com NPK) de hortaliças e batatinhas em regime irrigado (muitas vezes para reduzir o problema da salinidade provocada pelos adubos) pode produzir alimentos altamente deficientes em zinco, com sérios prejuízos para seus consumidores.

Tabela 12 – Micronutrientes em algumas forrageiras

Forrageira	Fe	Cu	Co	Mn	Mo	Zn
Capim Jaraguá	940	6,5	0,141	79	0,11	26,6
Capim Gordura	680	7,4	0,188	127	0,17	42,0
Brachiaria ruziziensis	257	4,7	0,112	36	–	–
Capim-de-Rhodes	402	3,8	0,117	60	–	–
Setária sphacelata var. splendida	168	4,5	0,680	128	0,28	29,3
Grama Batatais	470	7,0	0,120	116	0,63	19,7
Capim Colonião	640	7,3	0.066	90	0.83	20,7
Estilosantes	527	11,7	0,227	218	0,76	

Verifica-se que cada forrageira possui certo nível de micronutrientes e que, por exemplo, a *Brachiaria ruziziensis*, agora muito em voga, apesar de seu crescimento muito satisfatório, é a mais pobre em micronutrientes, enquanto especialmente a setária é a mais rica em cobalto. Uma mistura de forrageiras é, portanto, sempre mais vantajosa do que uma monocultura, porque garante melhor a nutrição adequada dos animais.

O zinco faz mais efeito quando adubado via foliar, mas também pode ser aplicado ao solo, especialmente quando, em forma pouco solúvel em água, não é lavado, mas fica por anos à disposição da planta. As quantidades normalmente usadas variam entre 3,0 e 15,0 kg/ha conforme o solo, a cultura e a solubilidade do adubo.

Ferro
Fe

– sólido
– cátion (positivo) – mulher
- vermelho – constitui a hemoglobina do sangue
– os hititas (bárbaros) foram os primeiros a manusear o ferro como ferramentas
– é um microelemento abundante mas falta nos solos porque ele se liga a outros elementos, e aí fica "preso" nessas ligações ficando indisponível para a planta absorvê-lo
– sem ferro e magnésio, não haveria o verde da clorofila por isso a combinação do vermelho com o verde escuro.
– sua falta causa anemia
– planta rica em ferro: espinafre.
- desempenha papel vital na fotossíntese e na respiração das plantas.

O FERRO (Fe) NO SOLO E NA PLANTA

Nos solos tropicais há muito ferro. Assim, no arenito Bauru, corresponde a 3%, no massapé, a 6%, mas na terra roxa legítima, a 33%. Mas este ferro não está em forma disponível para as plantas. O ferro facilmente disponível é somente o bivalente, e este depende de matéria orgânica ou de condições pantanosas.

Em nossa agricultura moderna, o ferro facilmente chega a faltar. Não é somente a falta de matéria orgânica, mas também calagens que não seguem princípios ecológicos e que podem induzir sua deficiência. Também fungicidas e inseticidas que entram na raiz podem precipitar o ferro, tornando-o inaproveitável para a planta. E, finalmente, o uso exagerado de fosfatos na adubação para forçar colheitas elevadas contribui para a imobilidade do ferro.

O ferro é indispensável na primeira fase da formação da clorofila sendo, mais tarde, substituído pelo magnésio. Sem ferro e sem magnésio não haveria o verde do nosso mundo. Também faz parte de enzimas que desdobram o peróxido de hidrogênio em continuação à ação do cobre e, no mundo animal, é o fator decisivo na formação da hemoglobina, o vermelho do sangue.

A primeira deficiência visual detectada foi essa de ferro, induzida por uma calagem muito elevada. As folhas do broto desbotam, podendo ficar amarelo-claro. Inicialmente, as nervuras permanecem ainda verdes, mas mais tarde podem também amarelar. Chamavam esta deficiência de "clorose calcária", atribuindo-a exclusivamente ao uso abusivo deste, e, especialmente em solos arenosos, o equilíbrio é delicado.

A toxidez de cobre (provocada por pulverizações) é muito parecida com a carência de ferro.

Em plantas, o teor de ferro oscila segundo a espécie, entre 150 e 600 ppm, dependendo sempre do equilíbrio com o magnésio. Para adubação, usa-se sulfato de ferro na base de 10 a 50 kg/ha, sendo sempre menos em solos arenosos e mais em solos argilosos. Mais aconselhável é em forma de FTE, na qual se misturam do composto 30 a 50 kg por tonelada de adubo.

Em adubação foliar, o efeito é imediato. Algumas horas depois da pulverização, as folhas começam a esverdear.

Em animais, especialmente em porcos novos, a anemia por falta de ferro pode ocorrer quando são alimentados somente em base de leite, não tendo acesso à terra (fonte de ferro).

No ser humano, as anemias têm como base a deficiência de ferro, embora a administração de ferro nem sempre dá resultado por causa de sua ligação íntima com o cobre e o cobalto.

Já em 1964, Primavesi publicou um trabalho que mostra que não existe doença vegetal sem prévia deficiência mineral (real ou induzida por solo adensado, ou seco ou mau arejado, ou sistema radicular deficiente, ou por adubação acima do ideal, ou calagem excessiva, ou uso de defensivo contendo íons metálicos). Isso porque especialmente os micronutrientes têm influência muito grande sobre a formação de aminoácidos e, portanto, de proteínas. E se a planta consegue formar todos os seus aminoácidos e proteínas, sua saúde é muito melhor. Também o transporte na planta de substâncias, a respiração e finalmente todos os processos químicos dependem da presença de elementos específicos. Na carência de um ou outro, a planta lança mão de programas de emergência que permitem à planta florescer e frutificar, porém a integridade biológica não existe mais e o ataque por patógenos e pragas se torna mais frequente.

Tabela 13 – Algumas inter-relações entre deficiências minerais e doenças vegetais

Nutriente	Cultura	Doença ou praga
Boro	Girassol	Míldio (*Erysiphe cichoracearum*)
	Beterraba	Míldio (*Phoma betae*)
	Couve-flor	Míldio (*Botrytis sp.*)
	Linho	Míldio e infecções bacterianas
	Cevada	Míldio (*Erysiphe graminis*)
	Roseira	Míldio (*Peronospora sparsa*)
	Goiabeira	Broca-do-tronco
	Milho híbrido	Lagarto-do-cartucho (*Spodoptera frugiperda*)
	Trigo	Ferrugem (*Puccinia triticinia*)
Cobre	Trigo	Ferrugem
Manganês	Aveia	Infecção bacteriana
	Ervilha	Míldio
Molibdênio	Alfafa	Menor resistência a infecções
Zinco	Seringueira	*Oidium heveae*
	Milho	Phytophtora sp Broca-do-colo (*Elasmopalpus*)
Manganês	Fumo	Virose de mosaico muito mais intensa
	Tomateiro	Murcha fusariana somente quando falta Mn e há um excesso induzido de ferro
Boro	Geral	Raízes apodrecem atacadas por fungos
Potássio	Batatinha	*Phytophtora*
Potássio + Cálcio	Geral	Pulgão Cochonilha
Cálcio	Geral	Cochonilha

Existem vários micronutrientes que, embora presentes em plantas, têm ação desconhecida. Especialmente no grupo de elementos que não são ativadores específicos, pode haver substituição pelos elementos mais diversos, bem como nos ativadores facultativos.

Assim, por exemplo, lítio, bromo, flúor e iodo aparecem na mesma enzima como potássio e sódio e, talvez, possam substituí-los. O interessante é que, por exemplo, vanádio entra ao lado de cobre, ferro, cobalto e manganês na formação do sangue e há indícios de que é o vanádio que inibe a formação de colesterol nas veias. Também na prevenção da cárie dentária, o flúor não é o único elemento ativo. Há evidências bastante grandes de que o vanádio é um dos componentes essenciais na prevenção da cárie, uma vez que pessoas com dentadura perfeita sempre mostram um nível maior deste elemento como também em molibdênio.

Flúor
F

- gasoso
- brilhante e tóxico
- ânion (negativo) – homem
- amarelo pálido
- é raro
- flúor vem de fluir, por ser gás
- muito eletronegativo (reativo) – por isso ele tem semblante de bravo.
- ametal
- fortalece ossos e dentes.
- presente nos frutos do mar.

FLÚOR (F) EM ANIMAIS E HOMENS

Geralmente é associado a minerais fosfóricos, como fosfatos naturais. É mais disponível em solos ácidos enquanto a calagem o diminui.

Como é extremamente tóxico, sua acumulação em pastagens pelo uso de fosfatos naturais é temerosa. Há acumulação de flúor em terras perto de indústrias, especialmente de adubos nos quais ocorre a desfluoretação dos fosfatos.

Também pode ocorrer a intoxicação de animais por meio de rações comerciais que contém fosfato natural.

Em animais com intoxicação crônica de flúor, os maxilares inferiores são aumentados, eles mancam e os dentes são mosqueados. Em animais novos, os dentes nascem irregularmente e podem ocorrer supurações nas raízes dos dentes. Os mesmos sintomas aparecem em pessoas, por exemplo, nos árabes na região de Meca, onde há excesso de flúor nos solos. Em folhas de teeiros pode acumular até 400 ppm.

Por outro lado, muitas cidades estão fluoretando a água para prevenir a cárie, porém somente flúor não é o suficiente. Na prevenção da cárie, deveria se juntar ainda molibdênio e vanádio, como mostra a tabela 14.

Tabela 14 – O efeito sinérgico de molibdênio
e flúor sobre a cárie dental de ratos

Adição na água de	Redução de cárie em %
25 ppm de flúor	32
25 ppm de molibdênio	18
25 ppm de flúor e 25 ppm de Mo	52

Mas observou-se um efeito estimulante de estrôncio e vanádio sobre a mineralização de ossos e dentes e a incidência de cárie foi maior em animais com baixos níveis nestes elementos.

Iodo
I

– sólido
– ânion- negativo (homem)
– presente largamente em algas marinhas
– negro e lustroso, com leve brilho metálico
– o nome iodo vem do grego "iodes" – violeta, por causa da cor do vapor que solta.

IODO (I) EM PLANTAS E ANIMAIS

Embora existam plantas que acumulam iodo, como agrião, mastruço e algas marinhas, não se sabe exatamente o papel que este tem em plantas, embora faça parte das enzimas que decompõem carboidratos e outros que formam pectinas.

Ocorrem em maior escala em plantas como espinafre, trevos, linho, tomates, beterraba forrageira, cevada e centeio (0,07 a 1,1 ppm ou mg/kg ou ug/g: Obs.: mcg=ug).

Rochas calcárias são as mais ricas em iodo por serem sedimentos marinhos, ou também as algas marinhas como Nori, Kombu e Wakame. E em regiões bociogênicas, como, por exemplo, a de Tupanciretã (Rio Grande do Sul), não é somente a falta de iodo que provoca o bócio e este não se cura pelo iodo, embora pessoas atingidas possuam metade de iodo nas tireoides do que pessoas sem bócio.

Se faltar iodo para a mãe, especialmente entre bovinos, equinos e porcos, os filhotinhos nascem muito débeis, há abortos e natimortos com frequência. Os potros podem ser fracos demais para ficar em pé e os leitõezinhos nascem com uma pele gelatinosa. Crias destes, se não morrem logo, sempre dão animais fracos, doentes e sem desenvolvimento.

Em pessoas nascidas de mães deficientes e mantidas sob esta deficiência, há atraso de desenvolvimento físico, mental e sexual. Pode ocorrer cretinismo (doença mental causada por hipotireoidismo congênito, sendo que, se durante o desenvolvimento do feto e do recém-nascido, ocorrer a ausência de tiroxina (hormônio produzido na tireóide), resulta em retardo do desenvolvimento cerebral) e infertilidade, bem como envelhecimento precoce.

Especialmente em regiões com "água dura", ou seja, rica em sais como cálcio e magnésio (não formando espuma), ocorre a falta de iodo. Também soja aumenta a necessidade em iodo, de modo que frangos nutridos com ração que inclui muita soja precisariam de mais iodo para não transmitir a deficiência ao consumidor humano.

Ovos de galinhas deficientes têm casca mais fina, o tempo de incubação passa de 21 dias e muitos embriões morrem na casca antes de amadurecer.

Sabe-se que há uma inter-relação estreita entre iodo/cobre e, se faltar cobre, o iodo não é bem utilizado pelo organismo. A adubação com doses elevadas de NPK induz à deficiência em cobre-manganês e iodo e pode provocar fertilidade reduzida e redução de inteligência.

Um excesso de iodo pode ocorrer em regiões costeiras. Pode ocorrer o excesso de iodo em pastagens, o que produz certa tremedeira nos membros dos animais. São tidos como antagonistas de iodo: sulfo-amidos, excesso de cálcio e o consumo a vontade de repolho, de couves e de soja.

Cloro
Cl

– gasoso
– bactericida
– usado como arma química durante a 1ª Guerra Mundial
– ânion (negativo) – homem
– + comum: cloreto de sódio (sal)
– odor irritante
– abunda em plantas marinhas
– cor amarelo-esverdeado
– tomate, beterraba e coqueiro são exigentes em cloro

CLORO (Cl) EM PLANTAS E ANIMAIS

Cloro sempre existe em todos os solos, porém em quantidades muito diferentes. Assim, perto do mar, as regiões são bem mais ricas do que no interior. As chuvas trazidas do mar podem conter entre 5,1 e 477 kg/ano/ha. É um elemento muito solúvel e de fácil lixiviação. Em regiões áridas, acumula-se na superfície do solo. Ele abunda em plantas do deserto e plantas marinhas.

Existem plantas que contêm certa quantidade de cloro, como o café, mas sua deficiência foi notada especialmente em plantas que normalmente são muito sensíveis ao cloro, como tomates e beterrabas.

Os sintomas iniciais podem ser confundidos com os da carência de manganês, porém, mais tarde, os tecidos das folhas se recolhem, formando leves depressões, como as nervuras protuberantes. Em tomates, murcham as pontas das folhas, que se tornam cloróticas, quer dizer, perdem sua cor verde e pouco a pouco tornam-se marrons. Plantas severamente atingidas não formam frutos.

Em cereais, o cloro pode ocorrer ao redor de 10 a 20 ppm; em fumo, ocorre entre 0,2 e 10 ppm. Verifica-se especialmente que plantas ricas em cloro, isto é, com capacidade grande de extraí-lo do solo, são sensíveis à adubos clorados por não ter mecanismo para se proteger contra excessos.

Parece que a nutrição de nitrogênio é melhor em presença de cloro. Em beterrabas, rabanete, espinafre e salsão pode produzir-se sintomas em deficiência, de modo que estas plantas têm cloro como nutriente essencial, que não podem conseguir em quantidade suficiente do solo, enquanto as plantas que não gostam de cloro na adubação provavelmente possuem um mecanismo que lhes permite maior absorção de cloro, como batata-inglesa, pepinos, feijão, tomates, fumo, parreiras e árvores frutíferas em geral.

Os primeiros sintomas de excesso de cloro, provocado por sua adubação (na forma de cloreto), são raízes mais pobres em carboidratos, o que predispõe as plantas a viroses.

Em animais, o cloro também é indispensável para manter o equilíbrio ácido-base no metabolismo. Animais podem viver até um ano de suas reservas, mas quando começam a lamber a urina e a lamber-se mutuamente é sinal de que há deficiência aguda, porque o cloro se acumula na urina e na pele.

Animais deficientes decaem muito após a parição e podem ficar tão fracos que morrem de inércia. Numa fazenda na Amazônia, onde muitas vacas morriam após a parição, sugeri a deficiência de cloro, o que o fazendeiro negou. Mostrou os cochos de sal que existiam. Porém, como os pastos ainda estavam cheios de troncos de árvores e galhos, em que um novilho foi espetado num dos galhos, os animais "vazios" (mais leves) pulavam para chegar aos cochos. Os animais prenhes (mais pesados) não conseguiam fazê-lo e morriam por falta de cloro em "frente" aos cochos cheios de sal.

Selênio
Se

— sólido
— em grego quer dizer "resplendor da lua"
— presente na castanha-do-pará.
— ânion- negativo (homem)
— Com suas funções antioxidantes, ele fortalece o sistema imunológico e ajuda na prevenção de muitas doenças, em animais e humanos

SELÊNIO (Se) EM PLANTAS E ANIMAIS

Geralmente, fala-se do excesso de selênio em solos alcalinos. Mas esse é também um nutriente que poucos consideram. Assemelha-se um pouco ao enxofre e pode substituí-lo em parte nas plantas, até podendo fazer parte de proteínas.

Em traços (quantidades mínimas), tem efeito positivo em muitas plantas, como leguminosas, crucíferas, como repolho e couve, e compostas (ou asteráceas), como girassol, carqueja, camomila, maria-mole etc. Pelo enriquecimento das sementes do algodão, este amadurece mais uniforme e mais cedo.

Concentrações maiores de selênio são tóxicas para a maioria das plantas. Milho, trigo, centeio e cevada ainda crescem bem em lugares onde outras já são prejudicadas, subindo os níveis de selênio até 50 ppm. Normalmente, não passam de 1 ppm. Há plantas como *Astragalus sp.* que podem acumular 1.500 ppm ou mais, especialmente nas sementes.

Em solos alcalinos, pode ser tóxico para animais, já que provoca a queda dos pelos e penas, problemas dentários e malformações dos pés/patas. Uma adubação com enxofre pode corrigir a toxidez, porque concorre ou compete com o selênio durante a absorção pelas raízes.

Na deficiência de selênio, a carne dos animais ostenta manchas brancas, chamada de "doença dos músculos brancos"; os animais são apáticos e podem morrer de inanição. Nos solos, existe normalmente entre 0,01 e 2 ppm de selênio e, nos solos seleníferos, até 100 ppm (normalmente entre 2 e 10 ppm).

Ensaios mostraram que bezerros da raça Aberdeen-Angus aumentaram 30% mais quando receberam 10 mg/mês de selênio.

Silício
Si

- pode ser cátion ou ânion, por isso este elemental possui um semblante de que não distinguimos gênero
- abundante na areia
- usado para fabricar fibras ópticas, chips de computadores
- sólido
- cor cinza metálico que reflete muitas cores:
- a cevada se fortalece com este elemento
- sua presença aumenta a tolerância à falta de água durante os períodos de baixa umidade do solo
- protege as folhas contra os danos causados pela radiação ultravioleta

O SILÍCIO (Si) NA PLANTA

Sessenta por cento da crosta terrestre é silício. Seu teor em plantas se assemelha ao do fósforo. É tratado entre os micronutrientes porque sua ação como macronutriente é discutida.

Todas as gramíneas contêm elevadas quantidades de silício, que é essencial para sua estrutura. Assim, em palha de arroz, 20 a 24% da cinza é composta por silício. Em presença de silício, a planta absorve menos fósforo, sendo os dois concorrentes. Milho, feijão, fumo, cevada e pepino se beneficiam pelo silício, talvez porque este promove melhor distribuição do manganês na planta. Em arroz, podem ocorrer até sintomas de deficiência de silício. No solo, aumenta a disponibilidade de fósforo para as plantas. Os cereais acamam com mais facilidade se faltar silício e são mais suscetíveis ao míldio.

Em solos deficientes em fósforo, ele é altamente solúvel. Fósforo precipita-o. Como o silício é facilmente lixiviado do solo, é importante que as árvores ou outras plantas com raízes profundas o façam recambiar ou trazer de volta para a superfície. A perda de silício se chama laterização, quer dizer, o solo fica mais pobre desse elemento e, portanto, mais rico em alumínio e ferro.

Na natureza nada é isolado, tudo está inter-relacionado, e sabemos que o boro é ativador do silício. A seguir, o silício ativará outros elementos, numa sequência ordenada. Começando pelo cálcio, que se une ao nitrogênio (necessário para a formação de aminoácidos, DNA e divisão celular). O nitrogênio ajuda a formar proteínas e clorofila, principalmente com a ajuda do magnésio (que transporta energia via fósforo), do fósforo (que é necessário para que o carbono fique disponível), e do carbono (que forma açúcares), que por sua vez, é transportado pelo potássio.

É parte importante na constituição da substância seca dos vegetais, e garante que as plantas tenham células e organelas mais estáveis. O silício promove o fortalecimento da parede celular das folhas e caules ao deixar as plantas mais eretas e aumentar a área de exposição ao sol, favorecendo também a fotossíntese e ajudando na melhor distribuição do cálcio e do magnésio. Aumenta a resistência das plantas às doenças.

Finalmente, tem um efeito visível nas cores das flores, nas folhas, no enraizamento e com isso uma influência direta na qualidade da planta. Quando há silício no solo, as plantas se estressam menos em períodos de seca.

Alumínio
AL

- cátion (positivo) – mulher
- a samambaia é sua planta indicadora
- cacau é uma cultura que necessita deste microelemento
- cor: alumínio (prata)
- sólido mas muito maleável
- não enferruja
- condutor

ALUMÍNIO (Al) NA PLANTA

O alumínio geralmente é lembrado quando se aborda seu efeito tóxico. Porém, 15% da crosta terrestre é alumínio, sendo um componente básico das argilas tropicais (caulinita, hidróxido de Al). Em um pH do solo entre 5,6 e 7,2, ele é muito pouco solúvel. Há pesquisadores que provam que a absorção de potássio em solos ácidos é dependente da presença de alumínio, cálcio e césio.

A maioria das plantas tem um teor de alumínio entre 150 e 200 ppm. Somente as folhas do teeiro podem ter até 5.000 ppm na substância seca de suas folhas. Sem alumínio o teeiro não se desenvolve bem. Também as samambaias são muito ricas neste elemento. Cacaueiros e cafeeiros agradecem pequenas quantidades de alumínio para seu desenvolvimento.

Ao lado do ferro e do cobre, o alumínio é importante no ciclo respiratório da planta, bem como na hidratação do plasma celular. Porém, quando aparece em quantidades maiores, em forma solúvel, ele é tóxico, desidratando as (inibem o crescimento das) raízes e bloqueando a absorção de fósforo.

Para o animal, o alumínio pode ser prejudicial, embora não se conheçam os sintomas de toxidez. Assim, num haras de cavalos quarto de milha, os potros morriam de poliartrite aos três meses, e não houve remédio que pudesse impedir isso. O pasto das éguas era de sapé (*Imperata brasiliensis*), uma gramínea rica em alumínio. Como o alumínio é tido como poderoso desmineralizante, supôs-se que o potro já nasce desmineralizado e não havia possibilidade de mineralizá-los por meio de injeções com cálcio e fósforo. Aconselhou-se a mudar as éguas para um outro pasto, com capim melhor, o que foi feito, e nunca mais morreu potro algum com poliartrite.

Também em crianças o alumínio pode ter ação muito prejudicial. Assim, diarreia forte durante a dentição pode ser causado pelo alumínio que se desprende da panela durante o preparo de alimentos. Por outro lado, alumínio tem a fama, na fitoterapia, de possuir um efeito muito positivo sobre o reumatismo.

OUTROS MICRONUTRIENTES NA VIDA VEGETAL

Existem ainda muitos micronutrientes que, em quantidades infimamente pequenas, agem nas plantas, ativando enzimas, como, por exemplo, chumbo (Pb) – que beneficia o desenvolvimento de aveia –, lítio (Li), bário (Ba), tório (Th), Bromo (Br), Césio (Cs), Zircônio (Zr), Lantânio (La) e muitos outros.

Todos contribuem para a saúde e resistência das plantas. Sabemos que antigamente as frutas e verduras, e até nosso café, eram muito mais aromáticos do que atualmente, onde restringimos o espaço das raízes e adubamos somente com alguns poucos nutrientes. E mesmo se usássemos conscienciosamente os micronutrientes mais conhecidos, ainda não iria restituir às plantas todo o seu valor biológico. De qualquer maneira, já seria um sucesso. Assim, por exemplo, uma adubação com um composto de micronutrientes não somente tornou o milho mais saboroso, mas conferiu igualmente às flores de azaleias um perfume semelhante ao de lírios.

Sabe-se, também, que a falta de micronutrientes diminui a saúde e inteligência humana, como explicado anteriormente. Estatísticas mostram que o aprendizado dos jovens é anualmente menor e os programas escolares têm de ser reajustados periodicamente nos países mais "desenvolvidos" por causa da perda de inteligência de sua juventude.

As plantas perderam sua resistência e qualidade biológica e os problemas com a saúde animal e humana são cada vez maiores. Fala-se de "doenças da civilização". Mas é necessário de que existam?

Como quantidades maiores de micronutrientes são tóxicas, somente se enxergam os perigos, assim como nos microrganismos também enxerga-se especialmente sua ação como parasitas ou patógenos. E poucos pensam que os desequilíbrios na natureza foram criados pelo homem. Nossa agricultura podia ser muito menos arriscada se observássemos as leis da natureza que, apesar de parecerem "antiquadas, quadradas", têm sua validez por toda eternidade, enquanto nossas descobertas científicas fabulosas perdem sua validade em poucos anos. E quando se teima em mantê-las, destrói-se o ambiente e o mundo. Destrói-se a capacidade da Terra em manter organismos mais complexos, incluído o ser humano.

Este livro foi composto com tipografia Palatino e impresso em papel Bivory 65g e MetsaBoard Prime Fbb Bright 235g na gráfica Vox, para a Editora Expressão Popular, em novembro de 2024.